बर्फ़ीली दुनिया

ANTARCTICA की आत्मकथा

बर्फ़ीली दुनिया

ANTARCTICA की आत्मकथा

श्रेया कुमार

WhiteFalcon
Publishing

www.whitefalconpublishing.com

बर्फीली दुनिया - ANTARCTICA की आत्मकथा
श्रेया कुमार

www.whitefalconpublishing.com

ISBN - 978-93-89932-03-4

अनुक्रमणिका

<u>F O R E W O R D</u>

I am Dr. K.V.Thipperudraiah M.Sc., M.Phil., Ph.D., Professor of Physics. I have served in various undergraduate colleges for 30 years in teaching physics to different age group students. At present, I work as the principal of **NEW HORIZON PUBLIC SCHOOL, Rajarajeswari nagar, Bangalore-560098, Karnataka, India,** where the author of this book is pursuing her senior secondary education. The author **Shreya kumar** is a student of this school for eleven consecutive years. Over these years, through her childhood, she has acquired a quest for knowledge with the talent to take initiative. This can be seen in her achievements in creative fields such as art, music, literature, science, social service activities. She is a sincere, disciplined, dynamic, perfectionist in her work. It is my honour to write the foreword to her book **" BURFILI DUNIYA (THE WORLD OF SNOW)"**

This book is about the mysterious continent **Antarctica**. It describes the world where human habitation is nearly impossible. A land which is recognized as a **global common** where land and resources are recognized as **common heritage of mankind**. The book is beautifully written giving voice to this continent in first person. The continent speaks to you about its various unique features like the snow desert, highest peak mountains, active volcanoes, Red blood fall, lowest temperature, its rivers and oceans, its southern lights, its adverse climate, and many more through this book. It builds the foundation for the phrase **" THE CONTINENT OF SCIENCE"** , the book also makes a political plea on climate change with Antarctica at the centre of its focus.

It reveals the concern of a young girl about our planet earth, and how climate change including global warming is affect us all. It is a call of action to our world leaders to protect and preserve its natural environment for the future generation and achieve sustainable development. The last paragraph of the poem written at the end of the book **" I BEG, LET ME LIVE FREE",** Tells the emotional turmoil of a young author and the helplessness she feels with the dearth of concrete and concerted response to such concerns.

Our earth does not belong to any one , but belongs to every creature on earth. Hence every creature on this earth has equal right as humans to live and evolve and remain with freedom of choice. Let us understand and respect the freedom of earth, harmony of nature, democracy of universe to follow the simple yet profound philosophy **"LIVE AND LET LIVE"**

Dr. K.V.THIPPERUDRAIAH

Chevalier R. Arunachalam M.B.A., Ph.D.

OFFICE : # Amma Nursery, No.247, Opp: to Jnanakshi Vidyanikethana School, Manipal Hospital Road, Halagevaderahalli, Rajarajeshwari Nagar, Bangalore - 560098

Tel: 080-28600851 Fax: 080 – 28605975, e-mail: arunmio@yahoo.com

PREFACE

The Hindi book titled "Barfeeli Duniya" written by Kum. Shreya Kumar, a class 10th Student of Rajarajeswarinagar is highly commendable.

The book gives an insight on 'Antartica' about its vivid history right from its exploration to global warming and the urgent remedial measures to be taken.

The book caters to the needs of students of classes Vth std to Xth std and offers quality insight into 'Antartica'

The author will feel herself rewarded if the effort made in this book serves the purpose of the students and whole hearted acceptance, with exhaustive notes making the subject clear; which in turn will make the book more useful.

Finally, my acknowledgement due to the Almighty, who has blessed this young girl, at this tender age, a vast knowledge required for writing this book.

My blessings are with you and hope, in the years to come you will be a scientist, reaching lofty heights and bring glory to the nation.

Best Wishes

Chevalier Dr.R.Arunachalam

<u>FOREWORD</u>

I am delighted to write the foreword of the book entitled **"Burfeeli Duniya - Antarctika ki Athmakatha"** authored by kumari. Shreya Kumar, who is currently perusing her senior secondary education and is a resident of Bangalore. I have personally known her from past 15 years and have been always amazed by her zeal, creativity, dedication and commendable achievements in curricular as well as extra-curricular activities such as music, art and social service.

This book is a vivacious celebration of the continent of Antarctica. The book reflects on the unique aspects of the snowy continent including vivid details of the history of the continent, kinds of animal life, its various geographical forms, the volcanoes, deserts and the base station. The book also provides a valuable window on current impact of human activities and globalization on the continent.

It is of particular interest that the continent has been given a voice throughout the book which makes the reader feel more connected to the content.

The flow of information provided is quite engaging and the writing is simple and comprehensible. It is my hope and expectation that the book would ignite a flame of curiosity and excitement in the minds of the readers. The book would be able to motivate students and young scientists to plunge into ever expanding field of science.

In my opinion this work of the author is highly commendable and I think that the author can be confident that there will be many grateful readers to this captivating book that takes the reader through a wonderful journey of the Antarctic continent.

It is well said that science will continue to accomplish the unimaginable so long as people continue to submerge their minds in the interest of science. This book is a good step in that direction.

I appreciate the efforts taken by the author's parents and her school authorities for supporting her to pen her thoughts. My best wishes and blessings to the author and I expect her to provide numerous such contributions to the society in all her future endeavors.

Dr. Devi Priya. B
M.sc, Ph.d, B.Ed, PGDCRCDM, NET, SLET
Lecturer in Biology
Vidyanidhi independent PU College
Tumakuru.

ಶ್ರೀ ಕುಮಾರ್.ಎಸ್ ಹಾಗೂ ಶ್ರೀಮತಿ ಸುಜಾತ, ರಾಜರಾಜೇಶ್ವರಿ ನಗರ, ಬೆಂಗಳೂರು ರವರ ಪುತ್ರಿ ಕುಮಾರಿ. ಶ್ರೇಯ ಕುಮಾರ್ ರವರು ಹಿಮ ಆವೃತ ಖಂಡಗಳ ಬಗ್ಗೆ ಸಂಗ್ರಹಿಸಿರುವ ಅಪೂರ್ವ ಅಂಶಗಳನ್ನ ಹೊಳಗೊಂಡ "ಬರ್ಫೀಲಿ ಧುನಿಯ" ಎಂಬ ಪುಸ್ತಕವನ್ನು ನಮ್ಮ ರಾಷ್ಟ್ರಭಾಷೆ ಹಿಂದಿಯಲ್ಲಿ ರಚಿಸಿ ಹೊರತರುತ್ತಿರುವುದು ತುಂಬಾ ಸಂತೋಷದ ಸಂಗತಿ.

"ಬೆಳೆಯುವಸಿರಿ ಮೊಳಕೆಯಲ್ಲಿ" ಎಂಬ ಸೂಕ್ತಿ ಕುಮಾರಿ ಶ್ರೇಯ ಕುಮಾರ್ ರವರಿಗೆ ಸೂಕ್ತವಾದುದು. ಕಾರಣ ಈ ವರ್ಷ ಅಂದರೆ 2019-20 ಸಾಲಿನಲ್ಲಿ 10ನೇ ತರಗತಿಯಲ್ಲಿ ಓದುತ್ತಿರುವ ಇವರನ್ನು ಕಳೆದ 15 ವರ್ಷಗಳಿಂದ ಬಲ್ಲೆ. ಇವರ ಹಿಂದಿ ಭಾಷಾಜ್ಞಾನ, ಓದಿನಲ್ಲಿನ ಆಸಕ್ತಿ, ವಿಜ್ಞಾನ ಹಾಗೂ ಪರಿಸರದಲ್ಲಿನ ಕಾಳಜಿ, ಸಂಗೀತದಲ್ಲಿನ ಸಾಧನೆ, ವಾಕ್ಚಾತುರ್ಯ, ಹರಿಕಥೆ ವಾಚನ, ಬರಹ ಇನ್ನಿತರೆ ಕ್ಷೇತ್ರಗಳಲ್ಲಿ ಇವರ ಆಸಕ್ತಿ ಅನುಕರಣೀಯ ಹಾಗೂ ಈ ಕಾರಣಗಳಿಂದ ಇವರಮೇಲೆ ಅತ್ಯಂತ ಪ್ರೀತಿ ಮತ್ತು ಗೌರವ.

"ಬರ್ಫೀಲಿ ಧುನಿಯ" ಎಂಬ ಪುಸ್ತಕದಲ್ಲಿ ಹಿಮ ಆವೃತ ಪ್ರದೇಶಗಳಲ್ಲಿರುವ ಜೀವಸಂಕುಲ, ವಾತಾವರಣ, ವಿಸ್ಮಯ, ಅನಾಹುತಗಳಬಗ್ಗೆ ತಿಳಿಸಿರುವ ಹಿಂದಿ ಪುಸ್ತಕವನ್ನು ರಚಿಸಿ ಹೊರತರಲು ಈ ಚಿಕ್ಕ ವಯಸ್ಸಿನಲ್ಲಿ ಹೊರಟಿರುವುದು ಶ್ಲಾಘನೀಯ . ಈ ಪುಸದಲ್ಲಿರುವ ಅಂಶಗಳು ಅತ್ಯಂತ ಸರಳ ಭಾಷೆಯಲ್ಲಿ ಎಲ್ಲರಿಗೂ ಅರ್ಥವಾಗುವ ರೀತಿಯಲ್ಲಿ ಸುಂದರ ಚಿತ್ರಗಳೊಂದಿಗೆ ಮುದ್ರಿಸಿರುವುದಕ್ಕೆ ಅಭಿನಂದನೆಗಳು. ಈ ಮಹತ್ ಕಾರ್ಯಕ್ಕೆ ಸಕಲ ಪ್ರೋತ್ಸಾಹವನ್ನು ನೀಡುತ್ತಿರುವ ಅವರ ತಂದೆ   ಶ್ರೀ ಕುಮಾರ್.ಎಸ್ ಹಾಗೂ ತಾಯಿ ಶ್ರೀಮತಿ ಸುಜಾತ ಕುಮಾರ್ ರವರಿಗೆ ಧನ್ಯವಾದಗಳು. ಕುಮಾರಿ ಶ್ರೇಯ ಕುಮಾರ್ ರವರಿಂದ ಹಿಂದಿ ಸಾಹಿತ್ಯ ಕ್ಷೇತ್ರಕ್ಕೆ ಇನ್ನೂ ಅಮೂಲ್ಯ ಕೊಡುಗೆಗಳು ಬರಲಿ ಎಂದು ಆಶಿಸುವ ಹಾಗೂ ಆಶೀರ್ವದಿಸುವ

ಡಾ|| ಬಿ. ವಿ. ಪುಟ್ಟಸ್ವಾಮಯ್ಯ (ಬಿಜ್ಜಹಳ್ಳಿ)
M.Sc, Ph.D, B.Ed, SLET
ಜೀವಶಾಸ್ತ್ರ ಉಪನ್ಯಾಸಕರು
ಮಹಾತ್ಮ ಗಾಂಧಿ ಸರ್ಕಾರಿ ಪದವಿಪೂರ್ವ ಕಾಲೇಜು
ಕುಣಿಗಲ್, ತುಮಕೂರು ಜಿಲ್ಲೆ

मनोगत

चरित्र का विकास आसानी से नहीं किया जा सकता। केवल परीक्षण और पीड़ा के अनुभव से आत्मा की मजबूत महत्वाकांक्षा को प्रेरित और सफलता को हासिल किया जा सकता है।

जहाँ चाह, वहाँ राह। अगर इंसान चाहे तो उसके लिए कुछ भी मुश्किल नहीं है। अब बेंगलूरू कर्नाटक में रहनेवाली 15 वर्षीय श्रेया कुमार इस बालिका ने "बर्फीली दुनिया" आत्मकथा के रूप में सुंदर पुस्तक लिखी है। इसमें अंटार्कटिका का इतिहास और वहाँ के जानवर, भूमी ज्वालामुखी, बेस, स्टेशन चित्र सहीत सुंदर रूप से वर्णन किया है। सचमूच दक्षिण भारत में रहनेवाली श्रेया कुमार, हिंदी भाषा में लिखि हुई पुस्तक के जरिए देश के अनेक लोगों को अंटार्कटिका के बारे में जानकारी मिलेगी ऐसा मुझे लगता है।

वालकी नसवराज शिवलिंग
हिंदी प्राध्यापक (राज्य कर्नाटक)

लेखिका का परिचय

श्रेया कुमार, श्रीमति सुजाता कुमार और श्री कुमार. एस की बेटी है और इनका जन्म सन् 2004 में बेंगलुरु में हुआ। अब वे कर्नाटका के बेंगलुरु के राजराजेश्वरि नगर के न्यू होरैज़न पब्लिक स्कूल में दसवी कक्ष में पढ़ रहीं हैं। 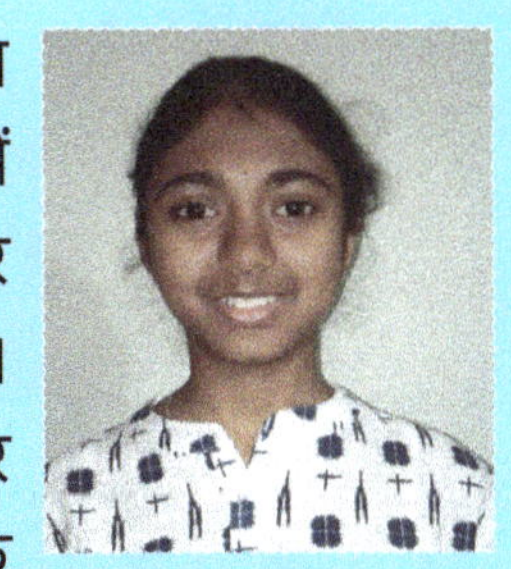

इन्हें लिखने में आसक्ति है और वे हिन्दी, कन्नड़ और अंग्रेज़ी भाषा में छोटी कविताएँ अपने स्कूल मैग्ज़ीन के लिए लिखती हैं। उन्होंने अपनी पुस्तक, "बर्फीली दुनिया - ANTARCTICA की आत्मकथा" में अंटार्कटिका के बारे में लिखा है।

कर्नाटका स्टेट एजुकेशन ऐंड एग्जामिनेशन बोर्ड 2015 द्वारा आयोजित जूनियर कर्नाटिक संगीत को इन्होंने संपूर्ण किया है। अब वे सीनियर कर्नाटिक संगीत सीख रहीं हैं।

2011 में इन्होंने सुनादा स्कूल ऑफ म्यूज़िक द्वारा बेंगलूरू के टौन हॉल में आयोजित प्रतियोगिता में भाग लिया।

श्रेया कुमार ने 2018 में कर्नाटका हिन्दी प्रचार समिति, बेंगलूरू द्वारा आयोजित राजभाषा-विद्वान (बी.ए.समकक्ष) को संपूर्ण किया है।

इन्होंने जवाहर नेहरू तारालय, बेंगलूरू असोसियेशन फॉर साईन्स एजुकेशन द्वारा आयोजित "क्लासिफिकेशन ऑफ थिंग्स" और "एसेंशियल आस्ट्रॉनॉमि" नामक कार्यशाला में भाग लिया।

श्रेया कुमार अनेक प्रतियोगिताएँ जैसे प्रतिभोत्सव - इंटर स्कूल प्रतियोगिता, पुटाणि विज्ञाना द्वारा आयोजित स्पीड सिस्टम 2014, तारामंडल द्वारा आयोजित साईन्स टालेंट सर्च एग्जाम, मेरी क्यूरी के केमिस्ट्री में नोबेल प्राइज़ के 100वीं वर्षगांठ स्मरणोत्सव में इंटरनेशनल इयर ऑफ केमिस्ट्री द्वारा आयोजित इंटरनेशनल लेवल साईन्स टैलेंट सर्च एग्जाम 2011, श्रीनिवास रामानुजन के

125वीं जन्म वर्षगांठ स्मरणोत्सव में आयोजित माथेमाटिक्स टालेंट सर्च एग्जाम आदि में पुरस्कृत हैं।

2014 में हेल्पेज इंडिया द्वारा आयोजित समाज सेवा कार्यक्रम में इन्होंने ज़्यादातार धन इकट्ठा किया और पुरस्कृत हुईं।

श्रेया कुमार बहुत उत्सुक पाठक, लेखिका, गायिका, ऐंकर, हरिकथा संचालक और कलाकार भी हैं। अब वे राजराजेश्वरि नगर, बेंगलुरु, कर्नटिका, इंडिया में रहतीं हैं। उन्हें email: shku2019@yahoo.com पर संपर्क किया जा सकता है।

प्रस्तावना

अंटार्कटिका एक विचित्र प्रदेश है जहाँ हर जगह सिर्फ बर्फ ही बर्फ दिखाई देती है। इसलिए मैंने इस पुस्तक को "बर्फीली दुनिया" नाम दिया है। इस जगह का वातावरण इसे अनोखा बनाती है।

अंटार्कटिका एक ऐसी जगह है जिसके बारे में आप पढ़ते रहेंगे तो आपको एक के बाद एक रोचक विषयों के बारे में पता चलता रहेगा। इस अनोखी जगह का इतिहास तो बहुत उत्तेजक है। आपको शायद यह पढ़ते हुए आश्चर्य होगा की इस बर्फीली दुनिया में ज्वालामुखी भी है।

अंटार्कटिका सिर्फ एक रोचक दुनिया ही नहीं बल्कि सुंदर भी है। इस सुंदर सी जगह में शायद मानव नहीं रह सकता लेकिन छोटे-छोटे प्यारे व खतरनाक जानवर भी रहते हैं। सिर्फ इतना ही नहीं, अंटार्कटिका में अनेकानेक सुंदर भू-आकृतियाँ भी हैं।

इस तरह अंटार्कटिका अनेक सुंदर, रोचक और बेजोड़ विचारों से संपन्न हुई है। अपने सारे भागों को अब तक सुरक्षित रूप से बचाकर आ रही है। लेकिन आज-कल के दिनों में उद्योगों और प्रौद्योगिकियों के नाम से हम सब कुछ ज़्यादा ही प्रदूषण कर रहे हैं। जिससे अंटार्कटिका को और अंटार्कटिका के जानवरों को तकलीफ हो रही है।

मैं जब पहली कक्षा में पढ़ती थी, तब से मुझे अंटार्कटिका के बारे में बहुत अशंकित है। जब भी मैं सुनती थी कि मनुष्य से बना प्रदूषण अंटार्कटिका और उसके जानवरों को मार रहा है, तो मुझे बहुत गुस्सा आता था। मैं हमेशा सोचती थी कि अंटार्कटिका को बचाने के लिए मुझे कुछ करना है। जब मैं आठवीं कक्षा में थी, तब मैंने इस पुस्तक को लिखना शुरू किया। इस पुस्तक से मैं आप सबको यह संदेश देना चाहती हूँ कि अगर हम हमारे इस प्रदूषण को नहीं रोकेंगे तो हम सब बहुत बड़ी तकलीफ में फस जाएँगे और हमारी इस गलती

को हमारी भूमि हमें कभी माफ नहीं करेगी। इसलिए हमें अभी के अभी अपनी सोच को बदलना है और हमारी धरती को बचाने के कार्यों में हाथ बढ़ाना है।

इस पुस्तक में, मैं यह सोच रही हूँ, कि अगर अंटार्कटिका ही अपने आप के बारे में और हमसे किए हुए प्रदूषण के बारे में कहती है तो कैसे होगा। इसलिए, अब से अंटार्कटिका के बारे में वह खुद आपको बताएगी।

उससे पहले इस पुस्तक को कौतुक से पढ़ने के लिए आपको मैं हृदयपूर्वक धन्यवाद कहना चाहती हूँ। आपको और मुझे इस पुस्तक को लिखने में मदद किए हुए मेरे माता-पिता, मौसी-मौसा, मेरे प्रधानाध्यापक और मेरे बंधु-मित्रों को बहुत धन्यवाद।

अब से सिर्फ अंटार्कटिका ही आपको कथाएँ बताएगी...

- श्रेया कुमार

परिचय

नमस्कार, सबको आदरणीय प्रणाम।

ओ!!.... माफ कीजिए, मैं तो भूल ही गई कि इस ज़माने में सब नमस्कार नहीं बल्कि "हाय" कहते हैं।

हाय! **मैं हूँ <u>अंटार्कटिका</u>** और मैं पृथ्वी नामक एक फ्लैट के बेस्मेंट में रहती हूँ...यानी धरती की दक्षिण खण्ड में रहती हूँ। मेरा शरीर सिर्फ बर्फ से छिप गया है। आप मेरे शरीर को मेरे भाइयों [महाद्वीपों] से बिल्कुल मिलान नहीं कर सकतें हैं, क्योंकि मैं उन से बहुत अलग हूँ और मानवों को तो मेरा ठंडा वातावरण सहना असाध्य है। लेकिन बहुत सारे वैज्ञानिकों ने मिलकर इस असाध्य कार्य को साध्य किया है और मेरे बारे में बहुत सारे विषयों को उनके मुल्कवालों के सामने प्रस्तुत किया है।

मुझे "बर्फ़ीली दुनिया" शिरोनाम इसलिए दिया गया है क्योंकि मेरे शरीर का 98% भाग औसतन 1.6 किलोमीटर मोटी बर्फ से आच्छादित है। मैं चारों ओर से दक्षिणी महासागर से घिरी हुई हूँ। मैं अपने 140 लाख वर्ग किलोमीटर क्षेत्रफल के साथ मेरे चारों भाइयों [एशिया, अफ्रीका, उत्तरी अमेरिका, दक्षिणी अमेरिका] के बाद पांचवीं सबसे बड़ी महाद्वीप हूँ।

औसत रूप से मैं विश्व की सबसे ठंड़ी, शुष्क और तेज़ हवाओं वाली महाद्वीप हूँ और लोग मुझे रेगिस्तान भी कहते हैं, क्योंकि मेरे ऊपर वार्षिक वर्षा केवल 200 मिमी [8 इंच] ही होती है और उसमें भी ज़्यादातर मेरे हाथ और पैरों में [तटीय क्षेत्रों में] ही होती है।

मेरे अंदर कोई स्थायी निवासी नहीं है लेकिन साल भर लगभग 1000 से 5000 लोग मेरा कुशल विचार पूछने के लिए आते रहते हैं। मेरे अंदर सिर्फ शीतानुकूलित पौधे और जीव ही जीवित रह सकते हैं।

अब मेरी पसंदों के बारे में कहना है तो मुझे आइसक्रीम बहुत पसंद है, लेकिन क्या करूँ? डॉक्टर ने मुझे आइसक्रीम खाने से मना किया है क्योंकि मेरे मौसम से मुझे जुकाम हो गया है। हाँ, मेरा मौसम सिर्फ बर्फ़ीली हवाओं से मुक्त रहता है। मेरे ऊपर शायद सिर्फ 2000 वर्ग किलोमीटर ही खुली ज़मीन है। साल में केवल 20 ही दिन तापमान शून्य से ऊपर रहता है। मेरे तटीय क्षेत्रों पर तापमान औसत -10 डिग्री सेल्सियस होता है और मेरे अंतरीय क्षेत्रों पर -60 डिग्री सेल्सियस होता है। इस धरती की सतह पर मापा गया सबसे कम तापमान भी मेरे ऊपर ही मापा गया है।

वैज्ञानिक कहते हैं - "अंटार्कटिका के बारे में सही ही कहा गया है कि वह पवनों की राजधानी है।" क्या आप जानते हैं कि मेरे बारे में इस तरह क्यों कहा गया है? क्योंकि मेरे ऊपर कभी-कभी 320 किलोमीटर प्रति घंटे की रफ्तार वाली हवाएँ चल पड़ती हैं, जो ज़मीन से बर्फ के कणों को काटकर उडा ले जाती हैं।

मगर आप चिंता मत कीजिए। मुझे बुखार बिलकुल नहीं आएगा और मेरा जुकाम भी नहीं बढ़ेगा क्योंकि मुझे अभ्यास हो चुका है और मुझे मेरी यह सर्दी बहुत-बहुत-बहुत पसंद है।!!!

अंटार्कटिका का इतिहास

आपको पता है कि अब तक जो भी मैंने आपको कहा, उन सब विचारों को वैज्ञानिकों ने पता लगाया है। लेकिन आपको शायद पता नहीं है कि इन वैज्ञानिकों को कैसे पता चला कि इस धरती के दक्षिणतम सिरे पर मैं [अंटार्कटिका] रहती हूँ। तो आइए, अब मैं आपको अपना एक छोटा सा इतिहास बताती हूँ।

पहले ग्रीक लोगों ने सोचा कि शायद धरती के दक्षिणी भाग में कोई न कोई भू-आकृति होगी। अरस्तु ने कहा कि धरती गोलाकार है, इसलिए धरती के वजन को संतुलन करने के लिए दक्षिणी भाग में कोई न कोई भू-आकृति जरूर होगी, लेकिन इस बात को साबित करने के लिए उनके पास कोई प्रमाण नहीं था।

पहली शताब्दी के समय से पूरे यूरोप में यह विश्वास फैला था कि दुनिया के विशाल महाद्वीपों (एशिया, यूरोप और उत्तरी अफ्रीका) की भूमियों के संतुलन के लिए पृथ्वी के दक्षिणतम सिरे पर एक विशाल महाद्वीप अस्तित्व में है, जिसे वे टेरा ऑस्ट्रेलिस कहकर पुकारते थे।

बहुत सारे प्रयोग करने के बाद 18वीं शताब्दी में यूरोप के लोगों के पास कुछ नक्शा था जो उन्हें मुझ [अंटार्कटिका] तक पहुँचा सकता था। सन् 1772-75 में कप्तान जेम्स कुक को विश्व की दक्षिणी खण्ड की खोजयात्रा के लिए भेजा गया। 17 जनवरी 1773 को कुक अंटार्कटिक सर्कल को पार करने वाला पहला व्यक्ति बना। उसने सर्कल को तो पार किया लेकिन मुझ तक नहीं पहुँच सका।

वास्तव में फॉबियन है, जिसने 27 जनवरी 1820 को मुझे पहली बार देखा। इसके बाद कई लोग एक के बाद एक मुझे देख सकते थे, लेकिन कोई मुझ तक पहुँच नहीं पाया। अरे हाँ, मैं तो एक और बात बताना भूल ही गई। जब वैज्ञानिक मुझे देखने आते थे, तब एक-एक वैज्ञानिक मुझे एक-एक दिशा से देखने आ रहे थे और जिस भाग से वे आए, उस भाग को उन्ही का नाम दिए। उदाहरण - जेम्स वेड्डुल ने एक समुद्र पार किया, इसलिए उस समुद्र को "वेड्डेल

सी" कहा जाता है। एक और उदाहरण बताना है तो जेम्स रॉस ने भी एक समुद्र और एक आईस शेल्फ को पार किया, इसलिए उस समुद्र को "रॉस समुद्र" और आईस शेल्फ को "रॉस आईस शेल्फ" कहा जाता है।

इसके बाद वैज्ञानिकों को मेरे पिघलने के बारे में जानने की जिज्ञासा ज़्यादा हुई। सब देशों के बीच में एक प्रतियोगिता जैसा शोर मचा हुआ था कि किस देश के लोग पहले मुझ तक पहुँचेंगे। इस शोर के बीच में 20वीं शताब्दी में नार्वे का खोजकर्ता रोआल्ड अमुण्डसन पहले व्यक्ति बने जो 14 दिसंबर 1911 को मुझ तक पहुँचे। अमुण्डसन अपने साथ कुछ कुत्ते, स्की गाडियाँ और 4 लोगों को भी लेकर आए थे, लेकिन मेरी तेज रफ्तार की शुष्क हवाओं ने कुछ कुत्तों की बली ले ली, पर अमुण्डसन और उसके साथी सुरक्षित रूप से अपने मुल्क पहुँच गए और 25 जनवरी 1912 को अपनी यात्रा को पूरा किया।

अमुण्डसन

रॉबर्ट स्कॉट

अमुण्डसन के बाद रॉबर्ट स्कॉट नामक एक स्कॉट खोजकर्ता ने मुझ तक पहुँचने का प्रयत्न किया। इसने भी अमुण्डसन की तरह अपने दो साथियों

और 13 कुत्तों को लेकर जनवरी 1911 में मेरे ऊपर आए थे, लेकिन उन्होंने शायद सीखा नहीं था कि किस तरह उन कुत्तों को प्रयोग करना है। उनकी इस लापरवाही की वजह से उन्होंने अपने सारे कुत्तों को मेरी तेज़ रफ्तार हवाओं में खो दिया। रॉबर्ट और उसके साथी अपनी भूख और मेरी सर्दी का सामना नहीं कर सके। उनकी खोज में कुछ न कुछ रोड़ा अटकता रहा और समस्याएँ एक के बाद एक उनका पीछा करती रही। इन सब कारणों से वे मेरे ऊपर ज़्यादा दिनों के लिए नहीं रह सके और 29 मार्च 1912 को मेरी तेज आंधियों से तीनों लोगों की जान चली गयी।

हाँ....आप प्लीस मुझे मत डाँटिए क्योंकि उन्हें मैने नहीं मारा। मुझे भी यह सुनकर बहुत अफसोस हुआ कि मेरी आंधियों ने उन्हें मारा।

ठीक है, अब फिर से हम इतिहास में आएँगे। ऑस्ट्रेलिया के जॉर्ज विल्किन्स पहले व्यक्ति बने जिन्होंने नवंबर 1928 में मेरे ऊपर पहली बार एक विमान उड़ाया। 1935 में कैरोलीन मिक्केलसन मुझ तक पहुँचने वाली पहली महिला बनी।

इसके बाद अनेक देशों ने एक के बाद एक अपने लोगों को मुझे देखने के लिए भेजा। 1944 में ब्रिटेन के लोगों ने मेरे ऊपर एक स्थायी बेस स्टेशन को लगाने में पहल की। उसके बाद 1954 में ऑस्ट्रेलिया के लोगों ने पहले वैज्ञानिक बेस स्टेशन लगाए। आज मेरे ऊपर बहुत सारे देशों के बेस स्टेशन हैं।

1912 के कप्तान स्कॉट के बाद 1958 में एड्मण्ड हिलेरि मेरे दक्षिणी ध्रुव तक पहुँचने वाले पहले व्यक्ति बने। 1958 में ही विवियान और उसकी टीम मुझे थलचर से पार करने वाले पहले व्यक्ति बने। 1959 में मेरी संरक्षण के लिए "अंटार्कटिक ट्रीटि" का सुझाव हुआ जिसको 1961 में जारी किया गया।

अब आपके प्यारे भारत के बारे में बताना है, तो अभियान दल 1982 में मुझ तक पहुँचने वाला पहला भारतीय बना। इसके बाद कई अनेक वैज्ञानिक मुझ तक पहुँचे और मेरे ऊपर अलग-अलग विषयों पर अनुसंधान किए और आज भी कर रहे हैं। रीना कुशाल धर्मशक्तु मेरे ऊपर कदम रखने वाली पहली भारतीय महिला बनी।

अब मैं हमारे इतिहास के बारे में बताना बंद करूँगी क्योंकि मुझे लग रहा है, कि अगर मैं बताती रहूँगी तो आप अभी के अभी सो जाएँगे, है न????

द अंटार्कटिक ट्रीटि

जब मैं आपको मेरे इतिहास के बारे में बता रही थी, तब क्या आपने "अंटार्कटिक ट्रीटि" का नाम पढ़ा? तो ये "अंटार्कटिक ट्रीटि" क्या है?

"अंटार्कटिक ट्रीटि" एक समझौता है जिसे मेरे संरक्षण के लिए 1 दिसंबर 1959 को 12 देशों के लोगों ने वाशिंगटन में मिलकर अनुमोदन किया। इस ट्रीटि को 1961 में जारी किया गया। अब 53 देशों ने इस ट्रीटि के नियमों को पालन करने के लिए माना है और ट्रीटि में हस्ताक्षर किए हैं।

मैं "अंटार्कटिक ट्रीटि" की रचना में मदद करने वाले लोगों को हृदयपूर्वक धन्यवाद कहना चाहती हूँ क्योंकि इन लोगों ने मेरी जान बचाने में मदद की है। हाँ, इन लोगों ने अंटार्कटिक ट्रीटि में यह प्रस्तुत किया हैं कि मेरे ऊपर सिर्फ शांतिमय कामों के लिए ही अवकाश है। इसलिए अब मेरे ऊपर कोई विस्फोट या युद्ध के लिए अवकाश नहीं है।

जैसे मैंने पहले ही कहा, "अंटार्कटिक ट्रीटि" का प्रमुख लक्ष्य है मुझे बचाना। इस ट्रीटि में प्रस्तुत किया गया है कि मेरे ऊपर अन्य देशों की वस्तुओं को फेंकना या विस्फोट करना मना है। इसलिए आज भी मेरे ऊपर कोई कचरा नहीं फेंकता है। उसे करीने से पैक करके अपने-अपने देशों को बेचते हैं।

"अंटार्कटिक ट्रीटि" में यह भी प्रस्तुत किया गया है कि मैं किसी भी अन्य देश के नियंत्रण में नहीं हूँ और इसलिए किसी को भी मेरे लिए लड़ना मना है। सिर्फ इतना ही नहीं, किसी एक देश का व्यक्ति किसी और देश के बेस स्टेशन में रह सकता है। मेरे बारे में जो भी विषय एक देश का व्यक्ति जानता है, उसे वह छिपा नहीं सकता और गुप्त रूप से नहीं रख सकता है क्योंकि इस ट्रीटि के द्रष्टिकोण से मेरे बारे में जानने के लिए सबको समान अधिकार है। इसलिए वैज्ञानिकों को मेरे बारे में सारे वैज्ञानिक प्रेक्षणों को अलग देशों के वैज्ञानिकों से बाँटना पड़ेगा और उसे सबको आसानी से उपलब्ध रखना चाहिए।

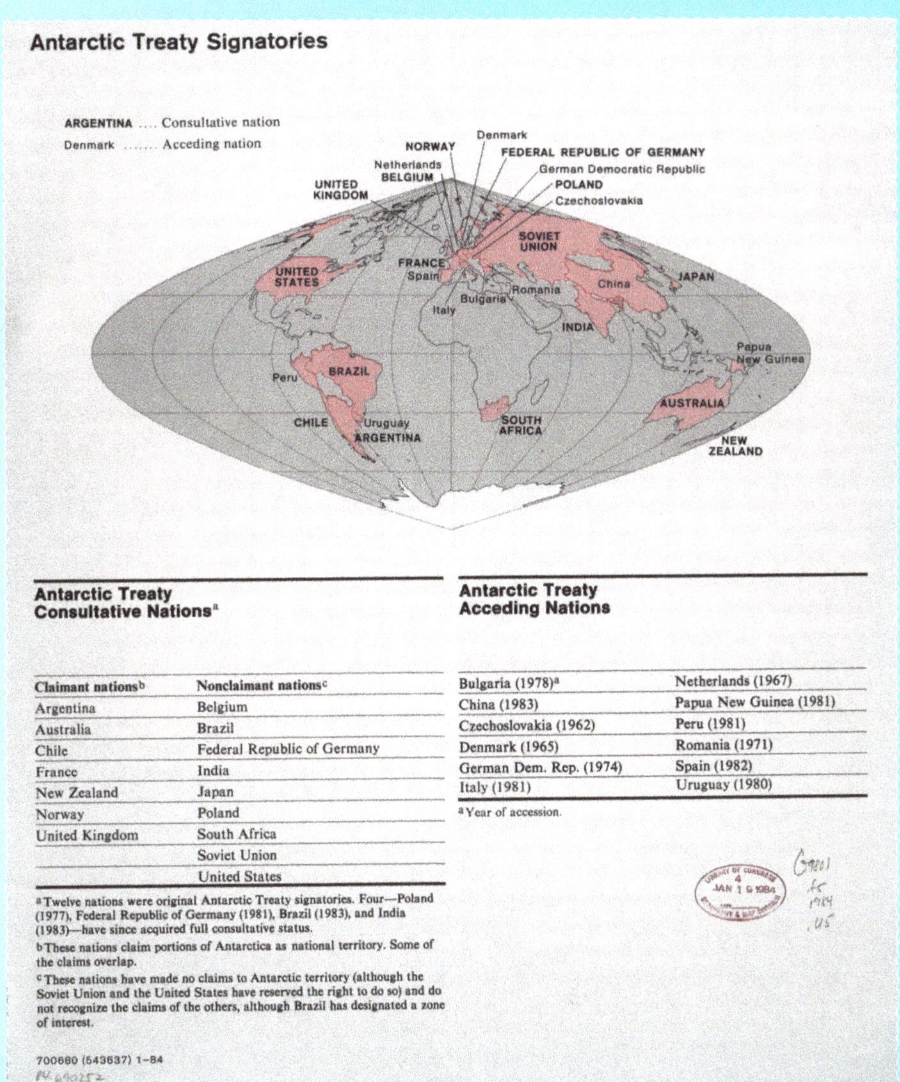

Antarctic Treaty Consultative Nations[a]

Claimant nations[b]	Nonclaimant nations[c]
Argentina	Belgium
Australia	Brazil
Chile	Federal Republic of Germany
France	India
New Zealand	Japan
Norway	Poland
United Kingdom	South Africa
	Soviet Union
	United States

[a] Twelve nations were original Antarctic Treaty signatories. Four—Poland (1977), Federal Republic of Germany (1981), Brazil (1983), and India (1983)—have since acquired full consultative status.

[b] These nations claim portions of Antarctica as national territory. Some of the claims overlap.

[c] These nations have made no claims to Antarctic territory (although the Soviet Union and the United States have reserved the right to do so) and do not recognize the claims of the others, although Brazil has designated a zone of interest.

Antarctic Treaty Acceding Nations

Bulgaria (1978)[a]	Netherlands (1967)
China (1983)	Papua New Guinea (1981)
Czechoslovakia (1962)	Peru (1981)
Denmark (1965)	Romania (1971)
German Dem. Rep. (1974)	Spain (1982)
Italy (1981)	Uruguay (1980)

[a] Year of accession.

700680 (543637) 1–84

अंटार्कटिक ट्रीटि

"अंटार्कटिक ट्रीटि" को अनुमोदन करने वालों में 12 देशों के लोग मिले थे - अर्जेंटीना, ऑस्ट्रेलिया, बेल्जियम, छिली, फ्रांस, जपान, न्यूज़ीलैण्ड, नॉर्वे, यूनियन ऑफ साऊथ अफ्रीका, यूनियन ऑफ सोवियत सोश्यलिस्ट रिपब्लिक, युनैटेड किंग्डम ऑफ ग्रेट ब्रिटेन एंड उत्तरी आयरलैंड और युनैटेड स्टेट्स ऑफ अमेरिका।

ठीक है, अब के लिए यह काफी है। शायद आपको थोड़ी उबाऊ हो रही है लेकिन यह मेरे संरक्षण के लिए बहुत ही ज़रूरी है। अबसे आपको शायद कौतुक होगी क्योंकि अब मैं आपको मेरे प्यारे-प्यारे जानवरों के बारे में बताऊँगी।

अंटार्कटिका के जानवर

आप सोच सकते हैं कि जब मनुष्यों को मेरे ऊपर रहना मुश्किल है, तो यह जानवर कैसे आसानी से रह सकते हैं?

इन जानवरों की त्वचा के नीचे एक चरबी की परत है, जिससे वह आसानी से अपने अंदर की गरमी बढ़ा सकते हैं और बाहर की ठंड को सहन कर सकते हैं।

मेरे ऊपर रहने वाले कितने जानवरों को आप जानते हैं? पहले आपके दिमाग में कौन सा जानवर आता है? हाँ, पेंगुइन [penguin]। पहले मैं आपको पेंगुइन के बारे में बताती हूँ और उसके बाद कुछ और रोचक जानवरों के बारे में बताऊँगी।

पेंगुइन [Penguin]

पेंगुइन

पेंगुइन मेरे ऊपर रहने वाला एक ऐसा पक्षी है जो कभी उड़ नहीं सकता। वे उड़ने की बजाय धरती पर चलते हैं और गहरे पानी में तैर सकते हैं। पेंगुइन एक कुशल तैराक है। वे पानी में लगभग 900 फीट की गहराई तक आसानी से तैर सकते हैं। वे पानी में लम्बे समय-लगभग 20 मिनट तक अपने साँस को रोक सकते हैं। पेंगुइन अपने जीवन का ज़्यादातर समय पानी में रहकर ही गुज़ार देते हैं। इसके अलावा वे अपना भोजन भी पानी में रहकर ही करते हैं। पेंगुइन के मुख्य भोजन मछली और झींगा [prawn] है।

पेंगुइन लगभग 15 से 20 वर्ष तक जीते हैं। उनकी लगभग 17 प्रजातियाँ पायी जाती हैं - अदैली, ऑफ्रिकन, चिनस्ट्रैप, एंपेरर, एरेक्ट क्रेस्टेड़, फियॉर्ड लैण्ड, गॅलॅपेग्गॉस, जेंटू, हम्बोव्ल्ड, किंग, लिटल, मेकेरॉनि, मेगेल्लैनिक, रॉक हॉप्पर, रॉयल, स्नेर्स और येल्लो आईड् पेंगुइन।

पेंगुइन की एक विशेषता यह है कि जब भी वे अंडे देती हैं, तब अनेक हज़ारों पेंगुइन उन अंडों के चारों तरफ वृताकार में खड़े हो जाते हैं ताकि बर्फ़ीली हवाएँ उन अंडों तक न पहुँच सकें। जब अंडे टूटते हैं, तब छोटे-छोटे पेंगुइन बाहर आते हैं और बड़े होने तक अपनी माँ के पैरों पर ही रहते हैं। तब माँ पेंगुइन हिलती भी नहीं है। माँ पेंगुइन का खाना पापा पेंगुइन लाते हैं। जब बच्चे बड़े होते हैं, तब पापा पेंगुइन बच्चों का खयाल रखते हैं और माँ पेंगुइन समुद्र से मछलियाँ लाती है।

इस तरह इन पेंगुइन में एक अच्छा रिश्ता होता है। लेकिन सिर्फ एक बात से मुझे पेंगुइन से नफरत है। हाँ, इनके पास सिर्फ एक बुरी बात यह है कि वे अन्य पेंगुइन के बच्चों को भी अपने ही बच्चे जैसे समझते हैं। यह सोच तो अच्छी ही है लेकिन एक तकलीफ है। जब भी किसी एक छोटी प्यारी पेंगुइन बड़े पेंगुइन के समूह के बीच में चली जाती है तो सारे बड़े-बड़े पेंगुइन इस छोटी पेंगुइन को लाड़ प्यार करने लगते हैं। लेकिन कई बार यह प्यार उस छोटे से पेंगुइन के लिए ज़्यादा हो जाता है और वह मासूम छोटी पेंगुइन हिंसक होकर मर जाती है। सिर्फ इस बात से मुझे नफरत है लेकिन फिर भी मुझे पेंगुइन बहुत पसंद हैं।

क्हेल [Whale]

नीली क्हेल

पेंगुइन के बाद मुझे क्हेल भी बहुत पसंद है। नीली क्हेल एक समुद्री स्तनपायी जीव है। इसकी लंबाई 30 मीटर तक देखी गई है। इसका वजन 173 टन तक दर्ज किया गया है। यह बताने में मुझे गर्व है कि मेरा स्थायी निवासी नीली क्हेल विश्व का सबसे बड़ा जानवर है। यह मेरे समुद्र यानि अंटार्कटिक समुद्र के साथ-साथ पेसिफिक और भारतीय समुद्र में भी दिखाई देती है। क्हेल का शरीर लंबा और पतला होता है। इसके शरीर पर नीले रंग के साथ-साथ विभिन्न रंगों का भी प्रभाव दिखाई देता है। यह कम-से-कम 3 अलग-अलग उपप्रजातियों में पाई जाती है।

व्हेल एक स्तनपायी प्राणी है और वह अपने फेफड़ों से साँस लेती है। वह पानी से बाहर आकर एक बार साँस लेती है तो 20 मिनट तक अपनी साँस रोककर पानी के अंदर रह सकती है। उसकी त्वचा के नीचे एक चरबी की परत है जो उसकी रक्षा करती है। लेकिन आज के दिनों में लोगों ने पता लगाया है कि इस चरबी से दीप के तेल, खाने के तेल, साबून, मोमबत्ती, प्रसाधन सामग्री,

इत्र, उर्वरक आदि बना सकते हैं। इस कारण से वे व्हेल को मार रहे हैं जिससे व्हेल की संख्या अब कम हो रही है। क्या आप अपने ही घर के सदस्य को मार सकते है? नहीं न? उसी तरह मैं आपसे विनती करती हूँ। कृप्या मेरे घर के सदस्यों को मत मारिए। ठीक है, आइए, अब मैं आपको मेरी एक और कौतुक सदस्य के बारे में बताती हूँ।

सील [Seal]

एलिफैंट सील

मेरे ऊपर रॉस सील, वेड्डेल सील, क्रेबेटर सील, लेपर्ड सील, फर् सील और एलिफैंट सील नामक छः तरह के सील रहते हैं। सील जल में रहने वाले स्तनीवर्ग कुल के नियततापी प्राणी हैं। मेरे ऊपर रहने वाली छः सील प्रजातियों में से फर् सील [समुद्र सील] सबसे छोटी होती है। यह जलसिंह से भी छोटी होती है। इसकी लंबाई सिर्फ 2 मीटर तक देखी गई है और इसका वजन 91 से 215 किलोग्राम तक दर्ज किया गया है। यह 15 से 25 वर्षों तक जीते हैं।

मेरे ऊपर रहने वाले सबसे बड़ा सील एलिफेंट सील हैं। यह 16 फूट लंबाई वाली तथा 2.5 टन भारी होता है। इन सीलों को एलिफेंट सील कहा जाता है क्योंकि इनमें भी एलिफेंट की तरह सूखी त्वचा, भारी मांसपेशी और सूँढ होती है।

अंटार्कटिका क्रिल [Krill]

क्रिल

अब तक जो भी जानवर के बारे में मैंने बताया, आप उसके बारे में जानते थे। लेकिन अब जो जानवर के बारे में बताऊँगी, आपने शायद उसका नाम तक नहीं सुना है। वह जानवर है क्रिल।

क्रिल की प्रजातियों में अब तक 85 प्रजातियाँ पायी गई हैं। उन 85 प्रजातियों में से एक है अंटार्कटिक क्रिल। क्रिल छोटे आकार के क्रिस्टेशिया प्राणी हैं जो मेरे ऊपर ज़्यादा संख्या में दिखाई देते हैं। वे 2.4 इंच लंबाई और 2 ग्राम वजन तक पहुँच सकते हैं। अलग-अलग प्रदेशों में रहने वाले क्रिल का जीवन काल

अलग होता है। मेरे ऊपर रहने वाले क्रिल 6 साल तक रह सकते हैं और यही विश्व में सबसे बड़े क्रिल है। ये लगभग 200 दिनों तक खाने के बिना रह सकते हैं। लेकिन कई बार वे पेंगुइन का भी खाना बन जाते हैं। क्रिल के बारे में यह बात बहुत रोचक है कि एक मादा क्रिल लगभग 10,000 अंडे सिर्फ एक ही बार में दे सकती है।

अंटार्कटिक मिड्ज [Antarctic Midge]

मिड्ज

अंटार्कटिक मिड्ज मेरे ऊपर रहने वाली एक ऐसी कीट है जो कभी उड़ नहीं सकती। मेरे ऊपर रहने वाले जानवरों में से अंटार्कटिक मिड्ज सबसे बड़ा भूमि जानवर है लेकिन यह सिर्फ 2 से 6 मिलीमीटर लंबी होती है। फिर भी इसे सबसे बड़ा भूमि जानवर कहा जाता है क्योंकि बाकी सब जानवर जो इससे भी बड़े हैं, वे समुद्री जानवरों के कुल में आते हैं। वे सिर्फ 7 से 10 दिन तक जीते हैं लेकिन इस समय के अंदर ही बहुत सारे अंडे देते हैं। वे शैवाल [Algae] और जीवाणु [bacteria] खाते हैं।

इन विशेष जानवरों के साथ-साथ मेरे ऊपर और मेरे समुद्र के अंदर बहुत सारे अलग तरह के विचित्र जानवर रहते हैं जैसे आल्बट्रॉस, शीतबिल, टर्न, शैग, स्कुअ, पेट्रेल, अलग तरह के अकशेरुकी [invertebrates] आदि। इन सब के बारे में बताने के लिए बहुत समय लगता है। अब मैं आपको एक और कौतुक विषय के बारे में बताती हूँ।

अंटार्कटिका की भू-आकृतियाँ

जैसे आप जानते ही हैं, मैं इस पृथ्वी के दक्षिणतम सिरे पर एक महाद्वीप की रूप में रहती हूँ। मैं पूरी तरफ से दक्षिणी गोलार्ध में स्थित हूँ। दक्षिणी ध्रुव मेरे लगभग केंद्र में है। 66 1/2 डिग्री दक्षिणी अक्षांश से 90 डिग्री दक्षिणी ध्रुव तक मेरी अक्षांशीय विस्तार वृत्त के आकार में है। क्षेत्रफल की दृष्टि से मैं विश्व की पाँचवीं सबसे बड़ी महाद्वीप हूँ। मेरा क्षेत्रफल 1 करोड़ 30 लाख किलोमीटर है। पेसिफिक, अटलांटिक और इंडियन नामक 3 महासागरों से मैं घिरी हुई हूँ।

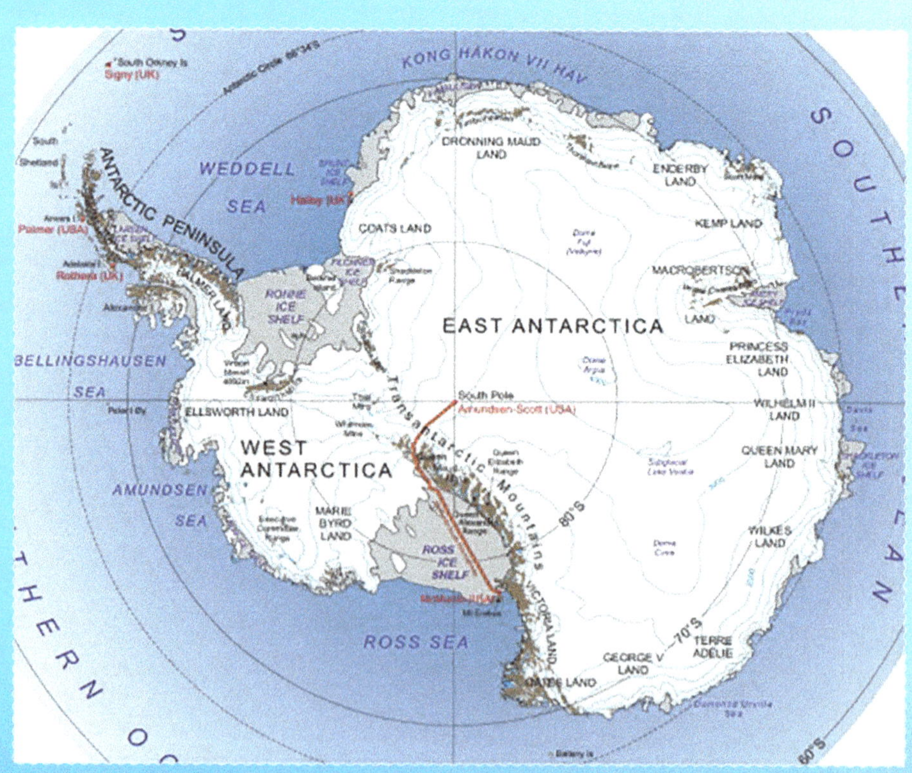

मैं 98% की भूमि और 2% की पानी से बनी हुई हूँ। मुझे ईस्टर्न अंटार्कटिका, वेस्टर्न अंटार्कटिका और ट्रान्संटार्कटिक् माऊन्टेन नामक 3 भागों में बाँटा गया है। ईस्टर्न अंटार्कटिका मेरे दाएं तरफ को और वेस्टर्न अंटार्कटिका मेरे बाएं तरफ को आवरण करते हैं। ट्रान्संटार्कटिक् माऊन्टेन ईस्टर्न और वेस्टर्न अंटार्कटिका के बीच में है। मैं ग्लेशियर्स, आईस बर्ग, आईस केव्स और पर्वतों से बनी हुई हूँ।

मेरे ऊपर 9 नदियाँ हैं और वे हैं:

नदी

1. आड़म्स स्ट्रीम [Adams Stream]
2. ऐकेन क्रीक [Aiken Creek]
3. आल्फ रिवर [Alph River]
4. लॉसन क्रीक [Lawson Creek]
5. ऑनिक्स रिवर [Onyx River]
6. प्रिस्कू स्ट्रीम [Priscu Stream]
7. रेज़ोवस्कि क्रीक [Rezovski Creek]

8.   सुर्को स्ट्रीम [Surko Stream]
9.   जेम्मी क्रीक [Jemmi Creek]

इनमें से ऑनिक्स रिवर की 32 किलोमीटर की लंबाई उसे मेरी सबसे बड़ी नदी बनाती है।

आईस शेल्फ

रॉस आईस शेल्फ

एक आईस शेल्फ बर्फ का एक मोटा स्लैब है, जो एक समुद्र तट से जुड़ा हुआ है और समुद्र के ऊपर जमी हुई बर्फ की चादर के रूप में बाहर फैला हुआ है।

मेरी रॉस आईस शेल्फ बहुत प्रसिद्ध है जहाँ बहुत सारे चमत्कार होते रहते हैं। इसके साथ रॉस आईस शेल्फ ही मेरी सबसे बड़ी आईस शेल्फ है, जिसका क्षेत्र 4,72,960 वर्ग किलोमीटर है। रॉस आईस शेल्फ के साथ फ्लिन्नर रोन्ने, आमेरी, लॉर्सेन, रिसर लॉर्सेन, फिम्बुल, शॉक्लेटन, जॉर्ज, वेस्ट और विल्लियम्स नामक आईस शेल्फ भी है।

मुझमें सिर्फ आईस शेल्फ ही नहीं बल्कि आरोस्मिथ, अथोल, ऑक्स्टेल, बोड़, ब्रॉडिंग, मर्फि, बच्चर, बेर्लि, पिर्रिट आदि पर्वत भी हैं। इन पर्वतों में से मौंट विल्सन मेरा सबसे बड़ा पर्वत है। इसकी लंबाई 4,897 मीटर है।

जैक्सन पर्वत

जैसे आपके भारत के अंड़मान-निकोबार, लक्षद्वीप आदि द्वीप हैं, उसी तरह मेरे भी बहुत सारे द्वीप हैं। मेरे द्वीपों में 2 भाग हैं - अंटार्कटिक द्वीप और सबअंटार्कटिक द्वीप। अंटार्कटिक द्वीप मेरे उत्तरी प्रदेश में है। उनमें से कुछ

हैं - बौलेट द्वीप, हर्ड द्वीप, मैक्डोनॉल्ड द्वीप, कर्गुवेलेन द्वीप, अलेक्जेंडर द्वीप, बर्कनर द्वीप, तर्स्टन द्वीप, आदि। सब अंटार्कटिक द्वीप यानी जो द्वीप मेरे दक्षिणी प्रदेश में हैं, वे हैं - आन्टिपोड़द्वीप, बोल्लोन द्वीप, आर्चर द्वीप, ब्लाँचे द्वीप, एडबैं द्वीप, मास्कड़ द्वीप आदि। इन द्वीपों में से अलेक्जेंडर द्वीप सबसे बड़ा है जिसका क्षेत्र 49,070 किलोमीटर है।

बहुत सारे वैज्ञानिकों ने यह कहा हैं कि मेरे मौंट एरबस के पास गुफाएँ भी हैं जहाँ अलग-अलग तरह के जीव मौजूद हैं। यह भी कहा जाता है कि उन गुफाओं के अंदर तापमान 25 डिग्री तक है।

मौंट एरबस की गुफा

इस तरह मैं अलग-अलग तरह के भू-आकृतियों से संपन्न हुई हूँ। लेकिन मैंने अपनी एक और भू-आकृति के बारे में नहीं बताया है। अगर मैं उसके बारे में बताऊँगी तो आपको शायद झटका लग जाएगा। तो आइए, अब मैं आपको उस जगह के बारे में भी बताऊँगी।

बर्फ़ीली दुनिया में ज्वालामुखी

कुछ लोग पूछते हैं कि "क्या अंटार्कटिका में भी ज्वालामुखी हैं?" इस प्रश्न का उत्तर है -"हाँ", मेरे उपर भी ज्वालामुखी हैं। क्या आपको आश्चर्य हो रहा है? आप ऐसे सोच सकते हैं कि मैं तो एक बर्फ़ीली दुनिया हूँ, मेरा तापमान बहुत कम है और मेरे ऊपर कैसे ज्वालामुखी हो सकते हैं? आपकी सोच बिलकुल सही है। जैसे आपने पहले ही पढ़ा, मेरा तापमान औसतन -10 डिग्री से -60 डिग्री तक है लेकिन मेरी बर्फ के नीचे तापमान इतना कम नहीं होगा। बर्फ के नीचे तापमान थोड़ी ज़्यादा ही होता है और जहाँ बर्फ की मोटाई कम होगी, वहाँ ज्वालामुखी विस्फोट होता है।

मौंट एरबस ज्वालामुखी

ब्रिटेन वैज्ञानिकों ने मेरी बर्फ की चादर की सतह से 2 किलोमीटर नीचे करीब 100 ज्वालामुखियों का पता लगाया है। शायद आपको यह सुनकर आश्चर्य होगा कि वैज्ञानिकों का दावा है कि मेरा यह इलाक़ा पृथ्वी का सबसे बड़ा ज्वालामुखीय क्षेत्र है। एडिनबर्ग विश्वविद्यालय के शोधकर्ताओं के अनुसार मेरे इस क्षेत्र में 91 ज्वालामुखियों का और पता चला है। जबकि कुछ समय पहले ही 47 ज्वालामुखियों को खोजा जा चुका है। इनमें से कुछ ज्वालामुखी स्विट्ज़रलैंड़ के 4 हज़ार मीटर ऊँचे ईगर पर्वत के बराबर है।

वैज्ञानिकों के मुताबिक मेरे ऊपर खोजे गये नये ज्वालामुखी 100 से लेकर 3850 मीटर ऊँचे हैं। मेरे सभी ज्वालामुखी बर्फ की मोटी चादरों से ढ़के हुए हैं। यह ज्वालामुखी मेरे पश्चिम भाग की रिफ्ट सिस्टम में मौजूद हैं। ये ज्वालामुखी मेरे प्रायद्वीप के रॉस आईस शेल्फ से तकरीबन 3500 किलोमीटर की दूरी पर हैं। हालाँकि वैज्ञानिकों का कहना है कि इन ज्वालामुखियों की संख्या ज़्यादा या कम भी हो सकती है।

एडिनबर्ग यूनिवर्सिटी के रॉबर्ट बिंघम के मुताबिक रॉस आईस शेल्फ के नीचे स्थित समुद्र की सतह पर और भी ज्वालामुखी होने की संभावना है। हाँ, हाँ, मुझे तो पता ही है कि मेरे अंदर कितने ज्वालामुखी हैं, लेकिन मैं नहीं बताऊँगी क्योंकि मैं चाहती हूँ कि वैज्ञानिक अपने-आप उसे पता लगाएँ। उनके अनुसार मेरा यह रॉस आईस शेल्फ का क्षेत्र दुनिया के सबसे ज़्यादा ज्वालामुखी वाला क्षेत्र है। लेकिन शोधकर्ताओं के मुताबिक इस क्षेत्र में कोई भी गतिविधि बाकी ग्रहों के लिए खतरनाक साबित हो सकती है। यदि इनमें से कोई ज्वालामुखी फूट पड़ा तो वह मेरी दक्षिणी भाग की बर्फ की चादरों को अस्थिर कर सकता है।

मेरे प्रसिद्ध खतरनाक ज्वालामुखी हैं - मौंट ऑड्रस, मौंट बर्लिन, ब्लॉक आईलैंड़, ड़िसेपिशन आइलैंड़, ब्रिड्ज मिन आईलैंड़, मौंट बर्सी, मौंट एरबस, मौंट मॉर्निंग, हड्सन मौंटेन्स, मौंट मर्फि, पेंगुइन आईलैंड़, मौंट टेरानोवा, मौंट टेरर, मौंट वॉस्चे आदि। इनमें से मौंट एरबस और ड़िसेपिशन आइलैंड़ आज के खतरनाक सक्रिय ज्वालामुखी हैं।

अंटार्कटिका के बेस स्टेशन

जैसे आपने अब तक पढ़ा, मेरे ऊपर अलग-अलग तरह की विचित्र भू-आकृतियाँ मौजूद हैं। इसके साथ अनेक जानवर भी हैं और रोचक तत्व भी हैं। आज-कल तो आप मेरे बारे में सब जानते हैं। मेरे बर्फ के बारे में, मेरे तापमान के बारे में, मेरे रोचक तत्वों के बारे में, सब कुछ जानते हैं। लेकिन आप यह मत भूलिए कि आपको मेरे बारे में इतने सारे विचार वैज्ञानिकों ने दिए हैं। आप जानते ही हैं कि मेरे बारे में जानने के लिए वैज्ञानिकों को मेरे ऊपर रहना ज़रूरी है लेकिन आप ये भी जानते हैं कि कोई भी मेरे ऊपर बिना किसी व्यवस्था से नहीं रह सकता। तो वैज्ञानिक कैसे मेरे ऊपर अध्ययन करते हैं?

इसलिए, इन तकलीफों को हटाने के लिए वैज्ञानिकों ने मेरे ऊपर कुछ बेसस [Bases] निर्माण किए हैं जहाँ उन्हें सब सुविधाएँ मिल सकती हैं।

बेस स्टेशन वो होता है जहाँ वैज्ञानिकों के लिए खाने की सुविधा, रहने की सुविधा, रिसर्च के लिए आदि सारी सुविधाएँ रहती हैं। जो भी मुझे देखने आते हैं, उन्हें इन बेस स्टेशन में ही रहना पड़ता है।

बेस स्टेशन

बेस स्टेशन बहुत बलवान होता है और उसके अंदर गर्म तापमान रखा जाता है ताकि वैज्ञानिकों को ठंड न लगे। वैज्ञानिक बेस स्टेशन में महीने भर रहते हैं, कुछ वैज्ञानिक सालों भर तक रहते हैं। उनके लिए बेस स्टेशन में घर की तरह सारी सुविधाएँ रहती हैं। वहाँ खाने के लिए पैक्ड खाना, पकाने के लिए रसोई, शयनकक्ष, हॉल, बैठक का कमरा, स्नान घर, वैज्ञानिक आइटम, मनोरंजन के लिए दूरदर्शन और रेड़ियो आदि सब रहते हैं।

जैसे आप जानते ही हैं, मेरे ऊपर खाद्य पदार्थ नहीं मिलते हैं। इसलिए, जो खाना लंबे समय तक रहता है, उसे संग्रह करते हैं। कुछ लोग, जिन्हें सिर्फ ताजा पदार्थ खाने की आदत है, वे बेस स्टेशन के अंदर ही नर्सरी निर्माण करते हैं और वहीं सब खाद्य पदार्थों को उगाते हैं। मेरे ऊपर पहला ग्रीन हॉउस या नर्सरी 2017 में जर्मन एरोस्पेस सेंटर के नेतृत्व में निर्माण हुआ था। उसका क्षेत्र 135 वर्ग किलोमीटर था।

ग्रीन हॉउस

"नेशनल साइंस फउंडेशन रिसर्चर्स" का और "अंटार्कटिक ट्रीटि" का आदेश है कि मेरे ऊपर कचरा न ढ़ेर करें, मेरे ऊपर प्रदूषण न करें। इसलिए, सारे बेस स्टेशन जो मेरे ऊपर हैं, अपने-अपने कचरों को अपने-अपने देशों में भेज देते हैं। जो भी कचरा हो, जैसे खाद्य कचरा, वैज्ञानिक कचरा, शौचालय कचरा आदि को अपने-अपने देशों में भेज देते हैं।

मेरे ऊपर जो भी बेस स्टेशन हैं, वहाँ पानी की कोई कमी नहीं है और पानी संग्रह करने की तकलीफ भी नहीं है, क्योंकि वैज्ञानिकों ने एक नई तकनीक का अविष्कार किया है जिससे वे मेरी बर्फों को एक यंत्र में डालकर उसे गरम पानी बनाकर शुद्ध कर देते हैं और इसी पानी को रसोई में, शौचालय में, ग्रीन हॉउस में और पीने के लिए भी उपयोग करते हैं।

यदि वैज्ञानिकों को कुछ शोध करने के लिए किसी अलग जगह जाना होता है तो वे बर्फ के ऊपर चलने वाली जीप को इस्तेमाल करते हैं। कुछ लोग हेलिकॉप्टर में भी जाते हैं। जैसे आप ही जानते हैं, मेरे ऊपर बर्फ कुछ जगह में मोटी होती है और कुछ जगह में पतली होती है। अगर बर्फ में चलने वाली जीप इस पतली बर्फ के ऊपर चलती है तो बर्फ टूट जाती है और जीप पानी में गिर जाती है। इस दुर्घटना से बचने के लिए वैज्ञानिकों ने अपनी जीप के टायर के पास एक यंत्र लगाया है जो बर्फ का मोटाई का पता लगाता है।

जैसे वैज्ञानिक अपने बेस स्टेशन से बाहर आते हैं, उन्हें ठंड लगनी शुरू हो जाती है। इसलिए वे वॉटर प्रूफ पैंट, जैकेट्स और बूट्स, मेरीनो वुल सॉक्स, 4 टीशर्ट्स, तर्मल अंडरवियर, हूडेड जंपर, रैन कोट आदि पहनते हैं। जैसे ही वे अपने रिसर्च करने की जगह पहुँचते हैं, वहाँ वातानुकूलित तंबू [Conditioned Tent] निर्माण कर देते हैं ताकि स्टॉर्म आए तो वहाँ रह सकें।

मेरे ऊपर अलग-अलग देशों के लोगों ने अलग-अलग जगह पर बेस स्टेशन निर्माण किए हैं। अब मेरे ऊपर लगभग 30 देशों के बेस स्टेशन हैं। मेरे ऊपर भारत के 3 बेस स्टेशन हैं - दक्षिण गंगोत्री, मैत्री और भारती। इन तीनों में से भारती बेस स्टेशन सबसे पहला था।

1947 में सिंगि रिसर्च स्टेशन मेरे ऊपर निर्माण हुआ पहला बेस स्टेशन बना। इसे युनैटेड़ किंग्डम देश ने स्थापित किया। युनैटेड स्टेट्स के मैक मुर्दो सौंड स्टेशन मेरा सबसे बड़ा बेस स्टेशन है।

वातानुकूलित तंबू

अंटार्कटिका - एक रोचक दुनिया

1. <u>मेरी बर्फीली पहाड़ियों के बीच बहता है खून भरा झरना, आज भी रहस्य!!</u>

लाल झरना

मेरे टेलर ग्लेशियर से बहते एक झरने से खून की तरह लाल पानी बहता है। सदियों से इस झरने के पानी का रंग लाल है। जिस जगह यह झरना है, वहाँ का तापमान हमेशा माइनस में रहता है। फिर भी यह झरना बर्फ नहीं बनता और पानी बहता रहता है। 1911 में ऑस्ट्रेलिया के गिरफिथ टेलर ने पहली बार यहाँ आने की हिम्मत की और देखा कि यहाँ तो खूनी झरना बह रहा है। उन्हें पहले लगा कि यह लाल रंग माईक्रोस्कोपिक लाल शैवाल की वजह से है, मगर 2003 में टेलर की शैवाल वाली थ्योरी को गलत साबित किया गया। नई रिसर्च में सामने आया था कि इस पानी में आइरन ऑक्साईड़ की भरपूर मात्रा है जो हवा के संपर्क में आकर पानी

को लाल बना देती है। उनका अनुमान है कि इस जगह बर्फ के नीचे लौह तत्व की अधिकता है, जो पानी को लाल रंग देता है। खास बात यह है कि यह तालाब पिछले कई लाख सालों से बर्फ के नीचे ढका हुआ था। पानी जैसे-जैसे जमना शुरू होता है, वो गर्मी छोड़ता है। यही गर्मी चारों तरफ जमी बर्फों को गर्म करती है। इस प्रक्रिया की वजह से इस झरने से लगातार पानी बह रही है। लेकिन कुछ वैज्ञानिक इसे झूठा साबित कर रहे हैं। हालांकि मेरा यह लाल झरना अभी भी रहस्य बना हुआ है।

2. <u>20 साल से न बिगड़ा हुआ दूध!!</u>
स्कॉट जब पहली बार मुझे देखने आए थे, तो वह अपने साथ कुछ खाद्य पदार्थ भी लाए थे। वापस जाते समय वह गलती से एक दूध की बोतल को मेरे ऊपर ही भूल गए। अगली बार जब स्कॉट 20 साल बाद फिरसे मुझे देखने आए, वह यह देखकर बहुत आश्चर्य हुए कि जो दूध वह पिछली बार भूल गए थे, वह दूध 20 साल के बाद भी बिगड़ा नहीं था। वह बिलकुल ठीक था और पीने लायक था। वैज्ञानिक इसके बारे में यह कहते हैं कि मेरे ठंडे तापमान के कारण से वह दूध बिगड़ा नहीं था।

3. <u>मेरे ऊपर जन्मा था पहला आदमी, गिनीज बुक में दर्ज है नाम!!</u>
एमिलियो पाल्मा पहला शक्स है, जो मेरे ऊपर पैदा हुआ था। उसका जन्म 7 जनवरी 1978 को हुआ। दरअसल, उसके पिता कप्तान जॉर्ज एमिलियो, अर्जेंटीनी आर्मी के हेड़ के रूप में मेरे ऊपर तैनात थे। इसी दौरान उसकी पत्नी सिलविया को जहाज़ के ज़रिये मेरे ऊपर बुलाया और एमिलियो का जन्म मेरी एसपेरांजा बेस कैंप में हुआ था। एमिलियो पाल्मा का नाम गिनीज बुक ऑफ रिकॉर्ड्स में दर्ज है और अर्जेंटीना की नागरिकता प्राप्त है।

4. यह कहा जाता है कि इस धरती का 90% साफ पानी मेरे ऊपर है लेकिन पानी के रूप में नहीं बल्कि बर्फ के रूप में है। इसलिए यह भी कहा जाता है कि अगर मेरी बर्फ पिघल जाए तो पूरी धरती का पतन हो जाएगा।

5. <u>मेरे ऊपर एक भी साँप नहीं है!!</u>
साँप एक रेंगने वाला प्राणी है। वे भूमि, पेड़ और पानी में रहते हैं। साँप एक ऐसा प्राणी है जो बर्फीली या ठंडी जगह में नहीं रह सकते। पूरी

दुनिया में मेरे अलावा ऐर्लेंड और न्यूज़ीलैंड़ ही दो जगह है जहाँ साँप नहीं रह सकते। साँप एक निर्दयी [Cold blooded] प्राणी है। उसके लिए एक गरम जगह चाहिए। मेरे ऊपर रहने के लिए उसे अपने शरीर से शीतलता खोनी पड़ती है। इसलिए वे मेरे ऊपर नहीं रह सकते।

6.   <u>मैं हूँ सबसे सूखा महाद्वीप!!</u>

रेगिस्तान

मेरे ऊपर मोटी-मोटी बर्फ हैं लेकिन फिर भी मुझे एक रेगिस्तान माना जाता है क्योंकि मेरे ऊपर साल भर में सिर्फ 50 मिलीमीटर ही बारिश होती है और कम तालाब और नदियों की वजह से मुझे एक रेगिस्तान माना जाता है। मैं एक ऐसी जगह हूँ जहाँ मेरे 90% भाग सिर्फ बर्फ से ही बना हुआ है और इसलिए मुझे सबसे सूखा महाद्वीप माना गया है।

7.   <u>मेरा रोचक तापमान!!</u>
धरती में सबसे कम तापमान मेरा सोवियत वोस्टोक स्टेशन में मापा गया है। 21 जुलाई, 1983 को यहाँ -89.2 डिग्री तापमान था। मेरा सबसे अधिक तापमान मेरे ऐस्पेरॉन्जा बेस स्टेशन में मापा गया था और वो था 18.3 डिग्री, 7 फरवरी 2020।

8. <u>मेरे ऊपर है परमाणु ऊर्जा केंद्र!!</u>

परमाणु ऊर्जा केंद्र

1960 और 1970 के बीच में मेरे ऊपर सबसे बड़े बेस मैक मुर्दो में सिर्फ थोड़ी ही परमाणु ऊर्जा की [nuclear power] सुविधा थी। सिर्फ इतनी ही परमाणु ऊर्जा वैज्ञानिकों के शोध के लिए पर्याप्त नहीं थी। इसलिए उन्होंने सोचा कि कुछ विकल्प बनाना चाहिए। इसलिए उन्होंने प्रारंभिक 1970 में मेरे ऊपर ही एक परमाणु ऊर्जा केंद्र का निर्माण किया और यह भी सुनिश्चित किया कि वह ऊर्जा मेरे प्रदूषण के लिए कारण न बने। परमाणु ऊर्जा केंद्र के निर्माण के बाद सिर्फ 10 साल के समय में ही वह केंद्र 78 मिलियन किलोवॉट हॉर्स विद्युत शक्ति उत्पादन कर चुका है। इसके साथ वह कचरा पानी को साफ और शुद्ध पानी में बदल सकता है। इस केंद्र को PM-3A नाम रखा गया। PM-3A परमाणु ऊर्जा केंद्र ही एक अकेला ऊर्जा केंद्र है जो अब तक मेरे ऊपर निर्माण हुआ है और यह अभी भी अपना काम कर रहा है।

9. <u>मेरे ऊपर पोलर बेयर नहीं रहते हैं!!</u>
   पोलर बेयर सिर्फ नॉर्थ पोल के आर्कटिक सर्कल में ही रहते हैं।

10. <u>मेरा नाम- "अंटार्कटिका" का मतलब?</u>
    जैसे आपने पहले पढ़ा, मेरे ऊपर पोलर बेयर नहीं रहते हैं। "अंटार्कटिका" मतलब ग्रीक भाषा में "जहाँ बेयर नहीं है"। "आंटि[anti]" मतलब "विलोम" और "आर्कटिका" या "आर्कटोस" मतलब ग्रीक में "बेयर [bear]"।

11. <u>मेरे ऊपर पाठशाला, अस्पताल और डाक घर!!</u>

पोस्ट ऑफिस

मेरे ऊपर एक डाक घर है जिसका नाम "पेंगुइन पोस्ट ऑफिस" है जो वहाँ के पोर्ट लोक्रॉय में है। आपको अगर पोस्ट भेजना है तो न्यूज़ीलैंड़ पोस्टल सिस्टम को भेज सकते हैं और आपका पोस्ट वहाँ से मुझ तक पहुँचता है।

मेरे ऊपर आर्जेंटीना बेस और चिलिय बेस के समीप में 2 छोटे-छोटे पाठशालाएँ भी हैं जहाँ मेरे ऊपर काम करने वाले वैज्ञानिकों के बच्चे पढ़ सकते हैं।

मेरे मैक मुर्दों सौंड़ स्टेशन में एक <u>अस्पताल</u> भी है जो वैज्ञानिकों का ख्याल रखता है।

12. <u>मेरे ऊपर ए.टी.एम!!</u>

आपको यह सुनकर आश्चर्य होगा कि मेरे मैक मुर्दों सौंड़ स्टेशन में 2 ए.टी. एम मशीनें हैं जिसे वैज्ञानिक उपयोग कर सकते हैं।

13. <u>मेरे ऊपर हैं 8 चर्च!!</u>

चर्च

मेरे ऊपर चपेल ऑफ आर लेडि, सैन फ्रांसिस्को दि ऑसिस चपेल, चपेल ऑफ सान्ता मॉरिया, चपेल ऑफ सान्टिसिमा, चपेल ऑफ द स्नोस, सेन्ट इवान रिल्स्कि चपेल, सेन्ट वोलोडिमिर चपेल और ट्रिनिटि चर्च नामक 8 चर्च हैं।

14. <u>मेरे ऊपर 6 महीने दिन, और 6 महीने रात!!</u>

मेरे ऊपर सिर्फ 2 ऋतु हैं और वे हैं गर्मी ऋतु और सर्दी ऋतु। गर्मी के पूरे 6 महीनों में सूरज की रोशनी रहती है और सर्दी के पूरे 6 महीनों में चाँद की चमक रहती है। यह हमारी धरती के झुकाव ऐक्सिस के कारण है। ऋतु बदलते समय झुकाव ऐक्सिस नहीं बदलती लेकिन हमारी भूमि और सूरज के बीच में अंतर बदलता है।

15. <u>मेरी रोचक हवा की गति!!</u>

मेरी हवा की गति बार-बार बदलती रहती है। मेरे ऊपर सबसे ज़्यादा हवा की गति 327 किलोमीटर प्रति घंटा थी और वह जुलाई 1972 में मापा गया था। मेरी सबसे कम हवा की गति सिर्फ 92.6 किलोमीटर प्रति घंटा थी।

16. <u>अरोरा - एक अनोखा दृश्य!!</u>

अरोरा एक विशेष घटना है जो मेरे आकाश में घटती है। मेरे दक्षिणी ध्रुव की चुंबकत्व के कारण से कभी-कभी वहाँ के परमाणुओं और आयनों में अशांति फैल जाती है जिससे वे आवेशित कणों की तरह नाचना शुरू करते हैं। अरोरा गुलाबी, हरा, पीला, नीला, बैंगनी और कभी-कभी नारंगी और सफेद रंगों में भी दिखाई देती है।

अरोरा-ऑस्टैलिस

ग्लोबल वार्मिंग के प्रभाव

अब तक आपने पढ़ा कि मेरे ऊपर पर्वत, द्वीप, आईस शेल्फ, नदियाँ, गुफाएँ, ज्वालामुखी आदि हैं। आपने मेरे रोचक विषयों के बारे में भी पढ़ा। लेकिन अब मैं आपको एक ऐसे विषय के बारे में बताती हूँ जिसके बारे में आप सोच भी नहीं सकते हैं। अगर मैं यह बताती हूँ कि इतनी ज़्यादा ठंड में भी मेरे ऊपर हरियाली है, तो क्या आप विश्वास करेंगे? लेकिन आपको विश्वास करना ही होगा क्योंकि यह सच है।

हाँ, मेरे ऊपर भी हरियाली है, लेकिन पेड़-पौधों के रूप में नहीं बल्कि मॉस और फर्न [Moss and Fern] के रूप में है। लेकिन यह हरियाली मेरे ऊपर वास्तव में नहीं थी। ग्लोबल वार्मिंग के कारण सफेद बर्फ से ढके मेरे शरीर का रंग बदलकर हरा हो रहा है।

मेरे ऊपर हरियाली

आपको जलवायु परिवर्तन का असर कहीं देखना है, तो आप मेरे ओर अपनी आँखें उठा सकते हैं। ग्लोबल वार्मिंग के कारण बढ़ते तापमान ने बर्फ की मोटी सतहों से ढके मेरे शरीर के नक्शे को पूरी तरह से बदल दिया है। यहाँ धीरे-धीरे बर्फ की सफेदी की जगह हरियाली नज़र आने लगी है। 1950 के दशक से ही मेरा तापमान लगातार बढ़ रहा है। तब से लेकर अब तक हर दशक में मेरा तापमान करीब आधे डिग्री सेल्शियस की रफ्तार से बढ़ रहा है। मेरे भाइयों (महाद्वीपों) के शरीर में ग्लोबल वार्मिंग के कारण बढ़ रहे औसत तापमान के मुकाबले यह बहुत ज़्यादा है।

1950 के बाद से यहाँ शैवाल की उगने की रफ्तार में बहुत तेज़ी आयी है। हर साल पिछले साल के मुकाबले 4 से 5 गुना तक ज़्यादा शैवाल [algae] यहाँ उग रही है। ब्रिटेन के शोधकर्ताओं ने मेरे ऊपर करीब 1000 किलोमीटर के इलाके में स्थित 3 जगहों के अध्ययन करने के बाद यह पता लगाया है। वैज्ञानिक अब इस बात पर विचार कर रहे हैं कि क्या 1950 को धरती पर नए भू-वैज्ञानिक युग की शुरुआत का साल माना जाए। अगर ऐसा होता है, तो यह माना जाएगा कि 1950 के दशक से दुनिया में क्लाइमेट चेंज का दुष्प्रभाव साफ तौर पर दिखना शुरू हुआ है।

जलवायु परिवर्तन के अलावा पर्यावरण के सामने कई अन्य गंभीर संकट भी हैं। प्लास्टिक का कचरा, जीवों की प्रजातियों का तेजी से विलुप्त होना, जीवाश्म ईंधन से पैदा होने वाला धुँआ, प्रदूषण आदि धरती पर भविष्य में बनने वाले पत्थरों पर हमेशा-हमेशा के लिए अपने निशान दर्ज कर देंगे। इन सबका असर धरती पर हमेशा के लिए रह जाएगा।

"कैम्ब्रिज यूनिवर्सिटी" और "ब्रिटिश अंटार्कटिका सर्वे" के शोधकर्ताओं ने मिलकर मेरे ऊपर पिछले 150 साल के दौरान उगने वाली काई और शैवाल का अध्ययन किया है। इस शोध में हिस्सा लेने वाले डॉक्टर मैट ऐम्सब्रे ने बताये है, "हमने पाया कि ग्लोबल वार्मिंग के कारण अंटार्कटिका में बहुत ज़्यादा बड़े स्तर पर नाटकीय बदलाव आ रहे हैं।" उन्होंने बताया, "औसतन देखें तो 1950 के पहले और बाद में काई और शैवाल के उगने की रफ्तार में 4 से 5 गुना वृद्धि हुई है।"

शोधकर्ताओं ने अपने रिसर्च के नतीजे को "सेल बायोलॉजी" नामक एक जर्नल में प्रकाशित किया है। इस रिसर्च में इस बात की भी पड़ताल की गई है कि धरती को और गरम करने में इस काई और शैवाल की क्या भूमिका हो सकती है। हालांकि वैज्ञानिकों ने यह भी कहा है कि आने वाले लंबे समय तक मेरा ज़्यादातर हिस्सा बर्फ से ही ढका रहेगा, लेकिन यह भी सच है कि बर्फ पिघलने के बाद पैदा हो रही शैवाल दुनिया की बदली तस्वीर के प्रति बहुत बड़ी चेतावनी है।

जैसे मैंने इस पुस्तक की प्रस्तावना में ही प्रकट किया, मुझे मेरी सर्दी बहुत-बहुत-बहुत पसंद है।!!! लेकिन आज की ग्लोबल वार्मिंग के कारण से मेरा तापमान बहुत बढ़ रहा है। मुझे बहुत गर्मी लग रही है और मेरे पास ए.सि [A.C] भी नहीं है। इसलिए आप प्लीज मेरे तापमान को बढ़ने मत दीजिए।

ग्लोबल वार्मिंग सिर्फ मेरे तापमान और भू-आकृतियों को ही नहीं बल्कि मेरे जीव-जंतुओं के लिए भी हानिकारक है। जैसे आप ही जानते हैं, जो भी मानव की हानिकारक गतिविधियों से ग्लोबल वार्मिंग हो रही है, उससे हमारे धरती के ओज़ोन लेयर में छेद निर्माण हो रहा है। परंतु मेरे दुराद्रष्ट वशात वह छेद मेरे भाइयों के मुल्कों के ऊपर नहीं बल्कि मेरे ऊपर की ओज़ोन लेयर पर हो रहा है। इस छेद से सूर्य की खतरनाक अल्ट्रावयोलेट रेज़ मुझ तक पहुँच रही हैं जिससे मेरे जीव-जंतुओं में स्किन कैन्सर हो रहा है और सब मर रहे हैं।

ग्लोबल वार्मिंग से मरे पेंगुइन

ग्लोबल वार्मिंग से मरे सील

जो भी प्रदूषण और ग्लोबल वार्मिंग आपके फैक्ट्रियों में, आपके वाहनों से हो रही है, उससे मुझे और मेरे जीव-जंतुओं को बहुत ही तकलीफ हो रही है। इसलिए, मैं इस धरती के नागरिकों से हाथ जोड़कर विनती करती हूँ, प्रदूषण और ग्लोबल वार्मिंग को रोकिए, मुझे और मेरे जीव-जंतुओं की जान बचाइए।

क्या आप एक और विषय जानते हैं? अगर प्रदूषण या ग्लोबल वार्मिंग के कारण से मेरी सारी बर्फ पिघलकर पानी बन जाती हैं तो पूरी धरती प्रवाह में डूब जाएगी और उसके साथ आप भी डूब जाएँगे। इसलिए, मेरे तापमान, मेरे भू-आकृतियों को बचाइए और आप भी प्रवाह से बच जाइए।

तो मुझे और मेरे घर-धरती को बचाने के लिए आप क्या कर सकते हैं?

- ईंधन का उपयोग करना कम कीजिए।
- वाहनों का उपयोग कम कीजिए और समीप स्थलों को पैदल जाइए। इससे वाहनों से होने वाला प्रदूषण कम हो जाएगा।
- कारखानों से निकलने वाले धुँए को वायु में नहीं मिलाना चाहिए।

- अभी के अभी पेड़ों को काटना बंद करना चाहिए और अनगिनत पेड़ों को उगाना चाहिए।
- कचरे को डस्ट बिन के अलावा कहीं पर भी फेंकना नहीं चाहिए।
- हानिकारक प्लैस्टिक की प्रयोग करना बंद होना चाहिए।

... आदि।

निष्कर्ष

मैं सोचती हूँ कि जो भी आपने अब तक मेरे बारे में पढ़ा, आपको बहुत कौतुक लगा और आप उसे नहीं भूलेंगे। अगर आपको लगता है कि इस पुस्तक से आपको मेरे बारे में अच्छी जानकारी मिली और अगर आपको लगता है कि मैं बहुत आकर्षक हूँ और मुझे बचाना चाहिए, तो इस पुस्तक के बारे में अपने मित्रों को भी बताइए।

सब कहते हैं कि मैं बहुत आकर्षक और अजीब हूँ। मेरा पर्यावरण बहुत अच्छा है। लेकिन आजकल के प्रदूषण के कारण से मेरा शरीर बहुत अस्त-व्यस्त हो रहा है। मेरी परिशुद्ध सफेदी की जगह हरियाली आ रही है। मुझे बहुत तकलीफ और कठिनाई हो रही है। इसलिए मैं आपसे एक और बार विनती करती हूँ, प्रदूषण को रोकिए। मुझे और मेरे घर-धरती की रक्षा कीजिए। हमारी धरती पर हमला करने वाली "ग्लोबल वार्मिंग" नामक राक्षस को हटाइए और मेरी हरियाली को भी हटाकर मुझे फिर से पूरी तरह से "बर्फीली दुनिया" बनाइए।

कविता

अगर कोई हिंदी नहीं समझते हैं तो उन्हें यह कविता दिखाइए जिसमें मैंने इस पुस्तक के पूरी सारांश को प्रकट किया है।

Let Me Live Free

Antarctica is my name,
Long ago, on this earth, I came.
For my ice and snow, I have fame.
To live long is my aim.

But my aim cannot be fulfilled,
Because my ozone umbrella is being drilled;
My snowy land is turning into watery field;
And one fine day, I would be killed.

I want to save my coldest nature
Filled with special and unique features;
I want to be filled with lovely creatures
Who will then form my future.

I want to be calm and glee,
But I'm being harmed by thee;
Please don't spoil me,
I beg you, **let me live free....**

हा...ठीक है, तो मैं आप पर भरोसा रखती हूँ कि आज से आप प्रदूषण को कम करेंगे और मुझे फिर से पूरी तरह से "बर्फीली दुनिया" बनाने में मदद करेंगे। तो ठीक है, हम फिर से मिलते हैं और तब तक...... बाय!!!!

ग्रंथ-सूची

https://en.m.wikipedia.org

https://hi.wikipedia.org/wiki/अंटार्कटिका

https://www.hindipot.com/interesting-facts-penguin-hindi

https://hi.wikipedia.org/wiki/नीली_व्हेल

https://www,patrika.com/miscellenous-world/100-volcanoes-dicovered-under-antarctica-ice-sheets-1714933

web title: climate change antarctic peninsula turning green as global warming triggers moss explosion (News in Hindi from Navbharat Times, TIL Network)

https://www.amarujala.com/entertainment/bollywood/blood-red-waterfall-in-antarctica

https://www.bhaskar.com/news/KZHK-emilio-marcos-palma-is-first-person-who-born-in-antarctica-5236622-PHO.html

About the Author

Shreya Kumar was born in the year 2004 at Bangalore and is the daughter of Mrs. Sujatha Kumar and Mr. Kumar. S. She is pursuing her Class-10 now in New Horizon Public School, BEML Layout, Rajarajeshwarinagar, Bengaluru, Karnataka, India. 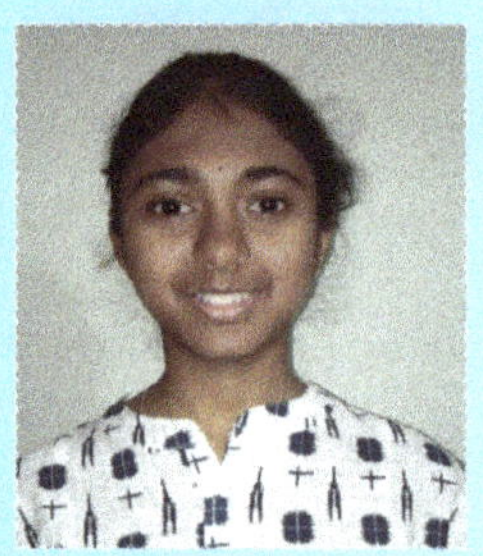

She has passion to write and has written several short poems in Kannada, Hindi and English for her school magazines. This book, "**BURFILI DUNIYA -** Antarctica ki Athmakatha", is a story about Antarctica, in Hindi.

She has completed her Junior Grade Carnatic Music (Vocal) conducted by Karnataka State Education and Examination Board in the year 2015. Now she is pursuing her Senior Grade Carnatic Music (Vocal).

Participated and recited carnatic music (Vocal) performance at Town Hall, Bengaluru, in the year 2011, conducted by Sunada School of Music, Bangalore.

Shreya Kumar has completed her 'Rajabasha-Vidwan (B.A. Samakaksh) conducted by Karnataka Hindi Prachar Samithi, Bengaluru, in the year 2018.

Shreya Kumar participated in the Summer Program entitled Summer Course on "Classification of Things" during April/May 2019 & also participated in Workshop on Essential Astronomy held during October 2018, conducted by Jawaharlal Nehru Planetarium, Bangalore Association for Science Education, Bengaluru, Karnataka, INDIA.

Shreya Kumar has also participated and secured prizes in various Science and Maths Talent Exams conducted by Prathibhotasava - an Interschool competition program, Speed System 2014 conducted by Putani Vignana Group (Maths Talent Examination), Science Talent Search Exam 2015 conducted by Taramandala - Celebration of Nature Fest 2015, International Year of Chemistry - conducted by 13th International Level Science Talent Examination 2011 in commemoration of 100th Anniversary of The Marie Curie's Nobel Prize in Chemistry, Mathematics Talent Search Examination in commemoration of 125th Birth Anniversary of Srinivas Ramanujan - 2012.

Shreya Kumar has secured Certificate of Social Service in appreciation of the efforts made by her in raising maximum funds at School Level for the care of Elderly people, conducted by HelpAge India, Bangalore, in the year 2014.

Shreya Kumar is an avid reader, writer, singer, anchor, Harikatha recitor, painting artist. She is currently residing in BEML Layout, Rajarajeshwarinagar, Bengaluru, Karnataka, INDIA. She can be reached on her email: shku2019@yahoo.com

www.ingramcontent.com/pod-product-compliance
Lightning Source LLC
Chambersburg PA
CBHW040201160726
48006CB00014B/1853